Unterwegs
zur Tierärztin

Illustrationen und Text von Uta Fischer

ANNETTE BETZ

Bremsen quietschen, ein dumpfer Knall – Julia und Leon laufen durch die offene Gartentür. Mit Schrecken sehen sie, was passiert ist: Ihr Hund Benni liegt auf der anderen Straßenseite und rührt sich nicht. Ein Auto hat ihn angefahren. Warum ist er nur auf die Straße gelaufen?
Das hat er bisher noch nie gemacht.

Papa ruft sofort bei der Tierärztin an. Die Sprechstunde hat noch nicht angefangen, aber sie dürfen mit dem verletzten Benni gleich vorbeikommen. Frau Dr. Schwarz untersucht den kleinen Hund, der noch am ganzen Körper zittert. »Armer Benni! Wir sollten gleich die rechte Vorderpfote röntgen.« – »Tut das weh?«, will Leon gleich wissen. »Aber nein, das bedeutet nur, dass Bennis Körper durchleuchtet wird. Röntgenstrahlen spürt man überhaupt nicht.«

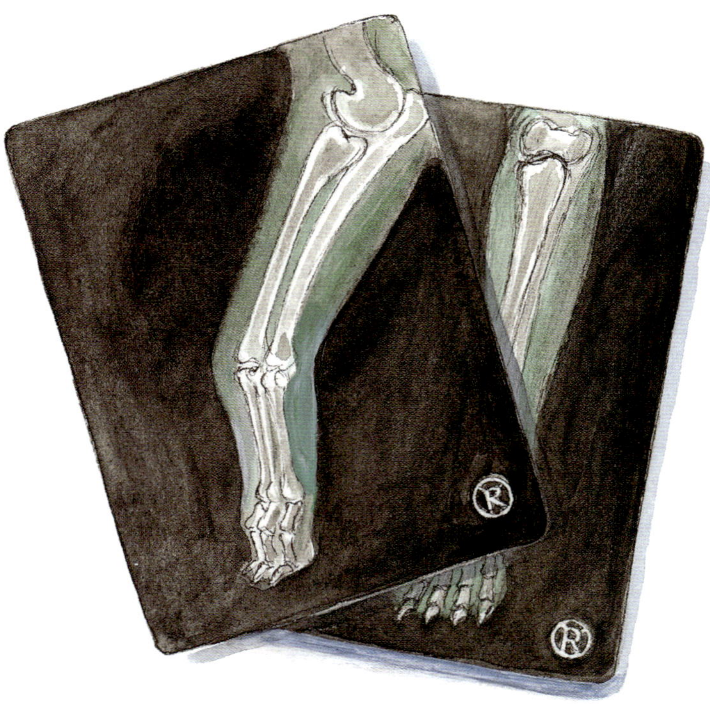

Benni ist unruhig und winselt ängstlich. Lisa, die Tierarzthelferin, redet ihm gut zu. Damit die Röntgenaufnahmen nicht verwackeln, muss sie ihn festhalten. Lisa trägt eine Bleischürze, um sich selbst gegen die Strahlen zu schützen.

Auf den Röntgenbildern kann Frau Dr. Schwarz deutlich erkennen, dass Bennis Pfote zum Glück nicht gebrochen, sondern stark geprellt ist. »Na, Benni, das Ganze hätte schlimmer ausgehen können. Wir machen dir jetzt für ein paar Tage einen Gipsverband, damit deine Pfote schneller heilt.«

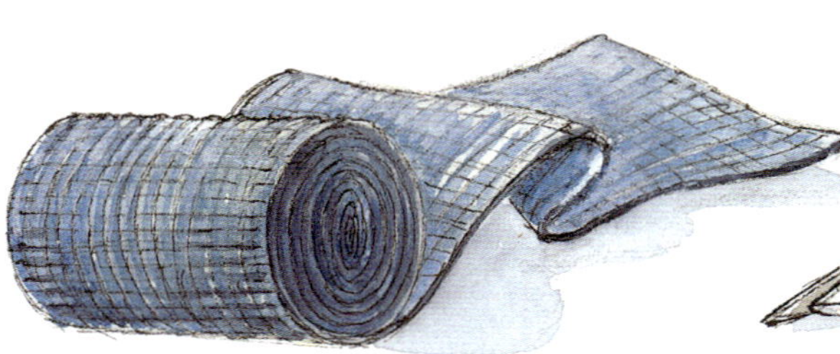

Noch etwas wacklig steht Benni auf seinen drei gesunden Beinen.
Argwöhnisch beschnüffelt er den blauen Kunststoffgips.
Na ja, daran wird er sich schon noch gewöhnen!
Auch Leon und Julia haben sich inzwischen von dem Schrecken erholt und sind sehr froh, dass ihrem kleinen Freund nicht mehr passiert ist.
»Jetzt geht es Benni so wie Papa, als er sich neulich beim Fußballspielen den Fuß verknackst hat«, scherzt Leon. Da kann auch Julia wieder lachen.

Leon möchte unbedingt noch einen Blick durch das Mikroskop im Labor werfen. »Oh, was ist denn das?«
»Das sind kleine Eier von Würmern. Du weißt ja, dass Benni regelmäßig entwurmt werden muss. Sonst würde er krank werden.«
»Was machst du da?«, will Julia von Lisa wissen. »Ich teste hier in diesen Petrischalen, welches Medikament für ein krankes Tier das richtige ist.«

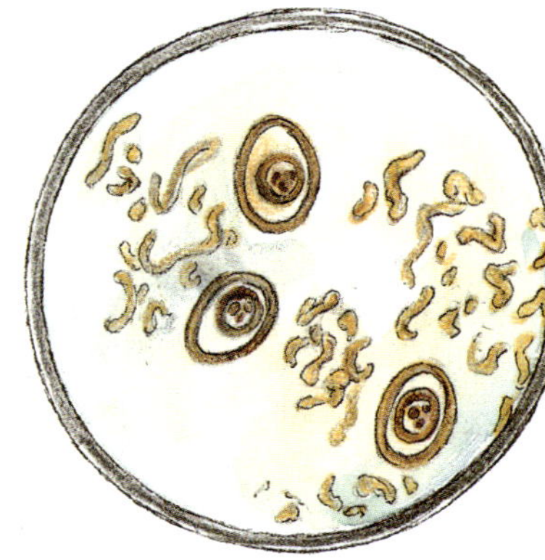

»Schau mal, Julia, Giraffen!
Die Frau auf dem Bild – sind Sie das, Frau Schwarz?« Die Tierärztin nimmt das Bild von der Wand: »Ja, Leon. Als Studentin habe ich im Tierpark gearbeitet. Die Geburt dieser kleinen Giraffe war für mich ein ganz besonderes Erlebnis. Wusstet ihr, dass Giraffenmütter ihre Jungen im Stehen zur Welt bringen? Sie fallen dabei bis zu zwei Meter tief auf den Boden. Den haben wir natürlich dick mit Stroh gepolstert.«

Hilfe!
Blauer Wellensittich, sehr zahm, spricht, entflogen. Wir sind sehr traurig! Telefon: 36942
Wer nimmt unseren Kater für 2 Wochen in Pflege? Tel.: 27374
Junge Katzen, 12 Wochen, an liebe Leute zu verschenken! Telefon: 28103
Vogelkäfig zu verschenken Tel. 39629
Ich, 11 Jahre, führe ihren Hund spazieren!
Tel. 34362
Katzen

»Tschüss, ihr beiden! In einer Woche sehen wir uns wieder.«
Im Wartezimmer sitzen schon viele Leute mit ihren Haustieren. Manche unterhalten sich miteinander, andere reden beruhigend auf ihre Tiere ein. Denn viele Tiere haben in dieser ungewohnten Umgebung zunächst Angst. Da kann es auch hin und wieder mal passieren, dass ein Hund eine kleine Pfütze macht …

Sprechstunde für Kleintiere

Heute hat Frau Dr. Schwarz wieder viele verschiedene Patienten, die sie ganz unterschiedlich behandeln muss.

Herrn Bauer ist vor kurzem eine Katze zugelaufen. Er hat ihr den Namen Nini gegeben. Nini wird gründlich von Frau Dr. Schwarz untersucht. Die Tierärztin hört mit ihrem Stethoskop Herz und Lunge der Katze ab und schaut ihr mit dem Otoskop in die Ohren. Auch die Körpertemperatur wird gemessen.

Viele Haustiere müssen regelmäßig gegen gefährliche Krankheiten geimpft werden. Annas Kaninchen Flecki wird gegen Hasenschnupfen geimpft. Es möchte am liebsten vom Behandlungstisch springen. Doch Anna spricht ganz lieb mit Flecki. Da wird er wieder ruhiger.

Meerschweinchen Luna streckt vorsichtig sein Köpfchen und seine Pfoten aus der Transportschachtel. Heute ist nämlich Fußpflege angesagt. Denn Lunas Krallen sind viel zu lang. So wie wir Menschen unsere Finger- und Zehennägel von Zeit zu Zeit schneiden müssen, brauchen auch Tiere jemanden, der ihnen die Krallen stutzt.

Paul macht sich Sorgen um seinen neuen Wellensittich. »Ich glaube, Koko ist krank. Er verliert dauernd Federn und ist gar nicht mehr so lustig.«
Frau Schwarz beruhigt ihn: »Koko ist nur in der Mauser, das ist ganz normal. Dabei erneuert er sein Federkleid und das strengt ihn ziemlich an. Du solltest ihm viel Obst, Gemüse und Salat zu seinen Körnern anbieten, denn er braucht jetzt viele Vitamine.«

Die Hündin Lara ist trächtig und bekommt bald Junge. Frau Dr. Schwarz macht eine Ultraschalluntersuchung um zu sehen, ob es den Kleinen in Laras Bauch gut geht. »Alles in Ordnung! Ich kann die kleinen Herzen der Welpen schlagen sehen.«

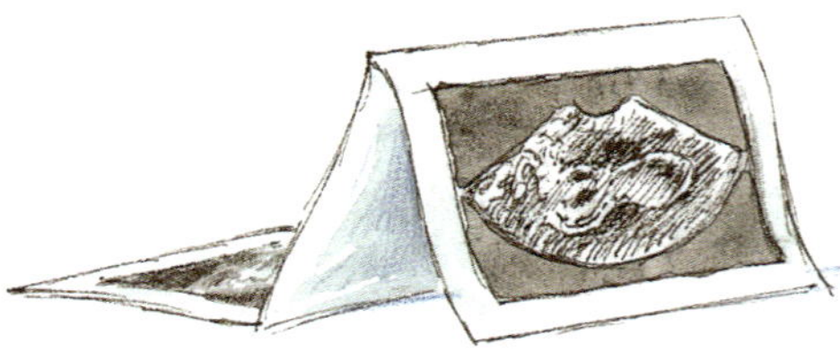

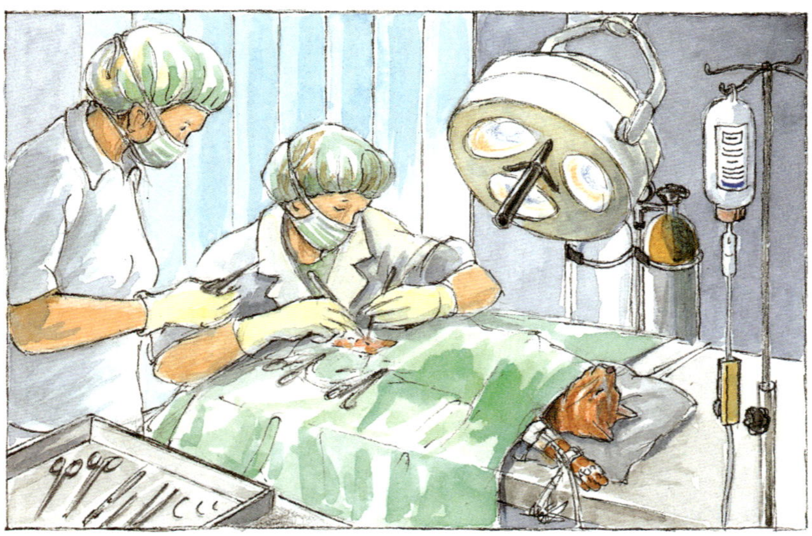

Manchmal muss ein Tier operiert werden, weil es sehr stark verletzt oder krank ist oder auch, wenn es keine Jungen mehr bekommen soll. Vorher wird es in einen Narkoseschlaf versetzt. Dann spürt es bei der Operation keinen Schmerz.

Kater Tom hat die Operation gut überstanden. Sobald er aufgewacht ist, darf er von seinen Besitzern abgeholt werden. Manche Tiere müssen ein paar Tage zur Behandlung bei der Tierärztin bleiben. Da ist es schön für sie, wenn sie Besuch von ihren Herrchen und Frauchen bekommen.

Endlich! Laras Junge sind auf der Welt!
Vier Welpen hat sie bekommen – ein kleiner Wurf. Im letzten Jahr hatte sie acht. Drei Junge trinken bei Lara. Aber wo ist das vierte?

Das kleinste Hundekind ist zu schwach, um bei seiner Mama zu trinken.
Es muss von Hand mit der Flasche aufgezogen werden.
Das ist keine leichte Arbeit.
Alle zwei Stunden braucht es seine Mahlzeit – auch in der Nacht!
Seit der Geburt hat es immerhin schon etwas zugenommen.
Weißt du einen Namen für den Kleinen?

Seltene Patienten

Hunde, Katzen, Meerschweinchen und Kaninchen sind die häufigsten Patienten in der Kleintiersprechstunde. Einige andere Tierarten dagegen sieht Frau Dr. Schwarz nicht alle Tage in ihrer Praxis.

Eines Tages im Herbst wird ein Igel zu ihr gebracht. Er ist noch recht jung und stark abgemagert. Ohne menschliche Hilfe würde er den Winter bestimmt nicht überleben. Zuerst einmal wird der Igel gewogen.

Dann entfernt die Tierärztin mit einer speziellen Zange die lästigen Zecken. Bald geht es dem kleinen stacheligen Kerl wieder gut und er kann sein Winterquartier bei der Menschenfamilie beziehen, die ihn gefunden hat.

Anatol, der Graupapagei, hat einen verletzten Fuß. Damit die Wunde gut heilen kann und Anatol nicht an ihr herumknabbert, bekommt er einen Plastikkragen um. Sicher ist er froh, wenn er das ungewohnte Ding bald wieder loswird!

Die griechische Landschildkröte Pünktchen rudert kräftig mit den Beinen, während Frau Dr. Schwarz sie untersucht. So in der Luft gehalten zu werden gefällt ihr gar nicht.

Papageien und Schildkröten brauchen übrigens besonders viel Pflege und Zuwendung. Wusstest du, dass diese Tiere älter als ein Mensch werden können?

Ein ganz normaler Arbeitstag

Früh am Morgen sitzt Frau Dr. Schwarz in der Praxis und macht einen Arbeitsplan für die nächsten Stunden. Gleich beginnt ihre tägliche Runde über Land zu den Bauern, die sie wegen eines kranken Tieres angerufen haben. Denn die Tierärztin behandelt neben den Kleintieren auch die großen Tiere auf den Bauernhöfen.

Die Sau Gunda war krank. Die Tierärztin misst ihre Temperatur und tastet sie genau ab. »Alles wieder in Ordnung!«, freut sie sich und untersucht auch noch die Ferkelchen. Dann kann sie zu ihrem nächsten Patienten aufbrechen.

Franzi möchte die Ponystute Lenka kaufen. Dazu gehört auch, dass Lenka vor Frau Doktor Schwarz vortraben muss. »Lenka läuft einwandfrei. Sie ist topfit! Nur die Hufeisen passen nicht mehr. Sie muss bald neu beschlagen werden.«

Die Schafe von Bauer Heinrich müssen entwurmt werden. Frau Dr. Schwarz gibt jedem Schaf das Wurmmittel ins Maul ein. Die Schafe sind nicht sehr begeistert und so wird es ziemlich anstrengend für die Tierärztin. Sie ist froh, als sie endlich damit fertig ist.

Am Nachmittag findet wieder die Sprechstunde für die Kleintiere statt. »Wer ist der Nächste?«, fragt Frau Dr. Schwarz freundlich in die Runde. Florian mit seinem Hamster Maxi ist jetzt an der Reihe.

Feierabend! Stürmisch begrüßen Katze Krümel und Dogge Benno ihr Frauchen.

Nachtdienst

Schrill läutet das Telefon. Es ist 3 Uhr nachts. Schläfrig setzt sich Frau Dr. Schwarz auf und greift nach dem Hörer. Ein Notfall! Sie muss dringend auf einen Bauernhof fahren, wo eine Kuh ihr erstes Kälbchen erwartet. Seit Stunden will die Geburt nicht vorangehen.

Die Bäuerin Bärbel führt die Tierärztin in den Stall. »Dort hinten liegt sie, die Bella. Sie ist schon ganz erschöpft, das Kalb will einfach nicht kommen. Ich mache mir solche Sorgen.«
Die Tierärztin zieht die Handschuhe an und bittet die Bäuerin um heißes Wasser und Seife.

Endlich ist es da, das Kälbchen! Es lag verdreht in Bellas Bauch und hätte es ohne die Hilfe der Tierärztin nicht geschafft, auf die Welt zu kommen. Bella ist erleichtert und sehr stolz auf ihr erstes Kind, ein großes kräftiges Stierkalb. Liebevoll leckt sie es ab. Auch die Bäuerin freut sich und denkt darüber nach, welcher Name wohl am besten zu dem Kälbchen passt.

Schon geht die Sonne auf. Auf dem Bauernhof werden die Tiere allmählich munter. Die Bäuerin hat einen starken Kaffee gekocht. Den können die beiden jetzt gut gebrauchen.

Medica

Eine Woche ist vergangen, seit Benni vor das Auto gelaufen ist. Heute wird sein Gips abgenommen. Das tut zwar überhaupt nicht weh – aber das weiß Benni ja nicht. Darum bekommt er vorsichtshalber einen Beißschutz angelegt, damit er vor Schreck nicht zuschnappt.
Zum Abschied hat Leon ein kleines Geschenk für Frau Dr. Schwarz.
»Du kannst aber toll zeichnen. Vielen Dank, Leon! Dann sehen wir uns spätestens in ein paar Monaten wieder, wenn Benni geimpft werden muss. Passt gut auf ihn auf und vergesst nicht, ihn immer anzuleinen.«

Für Rätselfreunde

1. Meerschweinchen haben an den Vorderpfoten jeweils vier Zehen. Wie viele Zehen haben sie an den hinteren Pfoten?

drei, vier oder fünf?

2. Wer hat die feinere Nase?

Hund oder Mensch?

3. Wer sieht nachts besser?

Mensch oder Katze?

4. Wie viele Zitzen hat das Euter einer Kuh?

zwei, vier oder sechs?

5. Welcher der drei Füße hier gehört zu einem Pferd?

A B C

Lösungen: 1: drei; 2: Hund; 3: Katze; 4: vier Zitzen; 5: B (A gehört zum Schaf, C zum Hund)

Hier sind eine Menge Tiere zu sehen.
Die meisten davon kannst du auf den vorhergehenden Seiten wiederfinden. Kennst du ihre Namen? Drei von ihnen kommen aber nicht in diesem Buch vor. Findest du heraus, welche Tiere sich hier eingeschlichen haben?

Lösung: Fisch, Schnecke und Fledermaus

Die Autorin bedankt sich ganz herzlich bei den Tierärzten,
die sie bei ihren Recherchen für dieses Buch so freundlich und hilfreich unterstützt haben.